284°99

DEUXIÈME ÉDITION

# LA VÉRITÉ

DE

# LA NATURE

## Depuis le Néant

### PAR ALDUCE DAUNAVRET

> C'est le Froid et la Chaleur qui ont
> tout créé et ce sont eux qui font
> mouvoir l'Univers.
>
> A. D.

**PRIX : 1 FRANC**

Envoi franco contre un mandat-poste

1896

DAVANTURE AÎNÉ, ÉDITEUR, CHALON-SUR-SAONE

DEUXIÈME ÉDITION

# LA VÉRITÉ DE LA NATURE

## Depuis le Néant

*C'est le Froid et la Chaleur qui ont tout créé et ce sont
eux qui font mouvoir l'Univers*

LA FORMATION DU SOLEIL ET DES ASTRES
LA FORMATION DES VÉGÉTAUX
LA FORMATION DES ANIMAUX
L'APPARITION DE L'HOMME
LA VALEUR DE LA TERRE ET DE L'ATMOSPHÈRE
L'IDÉE DE L'HOMME ET L'ESPRIT
LA FORMATION DES RELIGIONS
COMMENT SE RECRUTENT LES HOMMES DE RELIGION
LA CIVILISATION ET L'ÉDUCATION

## Par Alduce DAUNAVRET

PRIX : 1 FRANC

Envoi franco contre un mandat-poste

1896
—
DAVANTURE AÎNÉ, ÉDITEUR, CHALON-SUR-SAONE

# PROLOGUE DE LA PREMIÈRE PARTIE

Depuis que l'homme est apparu sur la Terre, il cherche à savoir d'où il vient, et pour cela il fouille dans les astres en regardant leurs mouvements.

Sans sortir du système de leurs aînés, les successeurs approfondissent toujours Lunes et Lunules et quelques autres astres.

Avec des instruments qui grossissent en diminuant les distances, ils ont fini par dire qu'il y avait des astres bien plus loin qu'on ne croyait et ils ont vu des montagnes dans la Lune.

Le Progrès trouvera peut-être un engin beaucoup plus fort, ce qui leur permettra de découvrir plus loin.

Et ils nous diront alors qu'il y a des astres que l'on n'avait pas encore vus! Voilà sur quoi se basent les chercheurs du Firmament!

Je pense qu'ils cherchent la fin de l'Immensité, pour tâcher de surprendre Dieu derrière.

Quelles sont donc leurs expériences et sur quoi sont-elles fondées? — Sur la distance des astres et leur mouvement, mais sans chercher à savoir de quoi ils sont formés et ce qui les fait mouvoir.

C'est ce sujet « d'où sort l'Univers » que j'ai étudié après de mûres réflexions.

# PREMIÈRE PARTIE

---

## Le Néant

Tout ce que nous apercevons dans l'espace, le soleil, les astres, tout ce qui peut se voir et se toucher était mélangé dans l'Immensité.

Et le tout était tellement bien fondu qu'il n'existait pas de chose de la valeur du plus petit grain de sable. Ce tout était comme l'air : pas plus visible que palpable.

Et ce rien, c'était tout!

C'était un Gaz!

## Le premier Gaz

Le premier gaz est le Froid, ce grand géant qui enveloppe l'Univers. C'est l'Immensité, ce grand espace sans fin dont personne ne peut limiter l'étendue sans commettre d'erreur.

Eh bien! ce Froid que nous craignons tant est notre premier père! C'est lui qui a créé tous les mondes de l'Univers; c'est lui qui possédait l'Infini. C'est de son sein que tout est sorti.

Ce père que nous craignons tant et que nous avons bien raison de craindre, est un père terrible qui chassa de chez lui sa femme enceinte de l'Univers.

Cette femme, notre mère chérie, est la Chaleur, le deuxième des gaz de la nature.

C'est elle qui repousse ardemment le Froid, son époux luttant continuellement pour venir nous geler.

## Le Froid et la Chaleur

Le Froid et la Chaleur ne se mélangent que lorsqu'ils y sont forcés ; ils ne s'accouplent que par la force. Mais dès qu'ils sont libres. et qu'ils peuvent se vomir, ils activent leur séparation.

Car depuis que la Chaleur est accouchée de l'Univers, elle ne peut plus supporter son époux, le Froid, qui l'a chassée de chez lui.

Depuis cette époque, la Chaleur lance ses rayons dans le Froid pour repousser sa méchante figure qui vient nous voir trop souvent.

Et puis, le Froid dans l'atmosphère ne fait qu'effleurer la Chaleur pour l'empêcher de s'éteindre.

Car le Soleil a son atmosphère; s'il était libre, il se diviserait et s'éteindrait dans l'Espace pour s'y mélanger.

## Les deux Ennemis des Gaz

Le Froid et la Chaleur sont deux ennemis jurés.

S'ils n'étaient pas ennemis, le forgeron ne

pourrait pas chauffer son fer, et ce qui serait chaud ne pourrait pas être refroidi.

Il n'y aurait que des choses naturelles : ce qui serait froid y resterait, et ce qui serait chaud ne se refroidirait jamais.

C'est parce qu'ils sont ennemis l'un de l'autre qu'ils se chassent et que nous pouvons les changer de températuie.

Si la Chaleur ne chassait pas le Froid, ce que nous mettons sur le feu ne chaufferait pas. On ne pourrait pas faire cuire d'aliments ni produire de vapeur, puisque la Chaleur n'aurait aucune force sur le Froid pour le chasser de l'eau.

Et ce qui serait plus terrible, nous ne pourrions pas produire ce bon feu qui refuserait de se laisser allumer.

Ce sont donc bien deux ennemis jurés.

Ce qui leur permet de chauffer et de refroidir les corps, c'est que tout l'Univers leur appartient, car tous les corps appartiennent à l'Univers qui est composé du Froid et de la Chaleur.

L'Univers est leur enfant, c'est ce qui leur permet à tous deux de venir lui rendre visite. Mais dans l'Immensité où rien ne les dérange, où ils sont libres. ils ne se mélangent jamais.

## Comment la Chaleur était dans l'Immensité

A l'époque primitive, quand l'Univers était mélangé dans le corps de ce grand géant, le Froid, tout était uniforme, d'un ton cendré, bien transparent.

Mais ce n'était pas obscur comme une nuit de nouvelle Lune par un temps bien couvert.

Car la nuit c'est l'ombre que fait la Terre parce que le Soleil éclaire sa face opposée. Plus l'ombre est grande, plus la chaleur du soleil repousse le noir et le froid.

Dans l'espace, il n'y avait pas d'ombre, puisque l'Univers était dans le Néant.

La Chaleur était mélangée dans l'Immensité, c'est ce qui ne permettait pas à cette grande obscurité d'exister.

Le Froid pur n'est même pas aussi noir que l'ombre que fait la Terre, la nuit.

## Séparation du Froid et de la Chaleur

Quand la Chaleur fit son premier mouvement, elle commença par se mettre en fils parsemés dans l'Immensité.

Ces fils se sont multipliés, mais sans mouvement ; car c'était une chaleur bien impure, il n'y en avait que très peu dans ces filons : à peine pouvait-on les distinguer du Froid.

Et ces filons ne grossissaient pas de jour en jour, puisque les jours n'existaient pas, mais d'instant en instant.

Et toujours rien ne bougeait, ils grossissaient insensiblement.

Mais, à force de grossir, ils prirent de la force et quelques filons de chaleur s'unissant firent faire un premier mouvement qui ébranla le Froid.

Quand le Froid fut ébranlé, il balança la Chaleur comme une brise bien légère balance la rosée sur l'herbe ; les gouttes glissent et se mélangent les unes aux autres.

Il en fut de même pour la Chaleur ; petit à petit, des filons se rejoignaient. Et chaque fois leur volume augmentait et faisait mouvoir plus fort le Froid.

De nouveaux filons étant venus se réunir à ceux-ci, ils devinrent comme de grandes rivières, c'est ce qui a donné un grand mouvement au Froid qui balançait ces rivières de Chaleur comme un vent balance les eaux.

Puis, ce mouvement les fit se choquer, et comme ils étaient devenus forts, ces chocs devinrent très violents et formèrent des courants de chaleur dans ces rivières.

Le Froid les remuant bien plus fort, ces courants devinrent furieux. Et comme ils étaient lancés dans divers sens, ils se sont choqués violemment les uns contre les autres.

Dans ces chocs formidables, ils se sont transformés en lacs, puis se sont réunis en boules gigantesques.

Et ce fut fini : la grande question était tranchée. Un globe était formé qui recevait du lointain de l'Immensité, tous les ruisseaux et les rivières de Chaleur que le Froid lui envoyait.

Ce qui grossissait toujours le Globe en grandissant l'Univers.

## L'Atmosphère dans l'Univers

Quand le Globe eut reçu le , ruisseaux et les rivières de Chaleur, le Froid fut purifié par cette gigantesque boule qui sortait de son sein. L'Immensité ne put plus s'accorder avec le Froid, ils se repoussèrent l'un et l'autre.

Comme le froid était restreint par l'Immensité, il vint se pavaner en s'appuyant de sa force de géant contre l'immense globe de la Chaleur. En s'appuyant contre ce globe, le Froid fit concentrer les gaz nouveaux qui avaient été entraînés par la Chaleur.

Et le Froid pressait si fort qu'il en fit sortir un jus comme lorsqu'on presse le raisin. C'est ce pressurage qui a formé une croûte au globe. Cette croûte fit une enveloppe à la Chaleur.

Ce jus sorti de la croûte impure du Globe qui enveloppe la Chaleur est le troisième des gaz de la nature.

Ce gaz est retourné s'étendre dans le Froid suivant son degré. C'est ce troisième gaz de la Nature qui a formé l'atmosphère de l'Univers où rien de l'Immensité ne peut pénétrer.

C'est cette atmosphère qui enveloppe tout l'Univers et qui tient le Soleil à son centre.

Nous sommes autour du Soleil comme les satellites autour des Planètes.

## La Formation de l'Univers

Le Froid pressait la Chaleur qui était prête d'accoucher de l'Univers, tant il avait de force sur elle.

Mais la Chaleur ne se trouvait pas encore assez d'enfants, elle continua à se concentrer en se purifiant.

Car la pure Chaleur était au centre du Globe et plus elle était pressée, plus elle se concentrait et se fortifiait.

Mais le grand Géant que plus rien ne gênait, se pavanait contre l'impureté du Globe; car l'enveloppe de la Chaleur était l'impureté des deux premiers gaz, Froid et Chaleur, et elle allait, en diminuant de température, de son centre à sa superficie.

La superficie de cette enveloppe était de la température du Froid qui la joignait, et son Centre, de la température de la superficie de la Chaleur qui la touchait.

Malgré la formation de tous ces gaz primitifs, le tout allait en diminuant de température du Centre du soleil aux profondeurs de l'Univers.

Mais ce tout diminuait bien sensiblement. C'est l'épaisseur de la croûte du globe qui faisait la plus grande séparation de chaleur. Il n'en restait presque plus à la superficie, c'est ce qui fait que le Froid s'appuyait de toutes ses forces contre ses parois.

Mais à force d'être concentrée, la Chaleur ne

pouvait plus y résister. Elle fut prise du mal d'enfants.

Et le grand géant serrait encore plus fort. Comme leurs enfants ne pouvaient supporter une si forte pression, ils remuèrent et produisirent des fissures à l'enveloppe de la Chaleur.

Puis la Chaleur apparut par les fentes de cette écorce qui s'ouvrirent toutes grandes.

Mais comme le Froid ne pouvait plus supporter la Chaleur, il se retira en étendant le jus du pressurage de l'écorce du soleil, avec la rapidité de l'éclair.

Et la Chaleur fut dégagée !

Puis, comme elle était énormément pressée par le Froid qui se retirait, elle produisit un mouvement d'élasticité qui fit éclabousser son enveloppe en presque autant de parties qu'il y a d'astres, et en brisant sa croûte, l'élasticité de la Chaleur a lancé les éclats dans l'espace avec la même rapidité que le Froid s'était retiré de la Chaleur.

Et la Chaleur en brisant son enveloppe et en la lançant dans l'espace céleste accoucha de l'Univers.

## La Mère de l'Univers

Quand la Chaleur eut lancé ses enfants dans l'atmosphère de l'Univers, elle ne fut plus cette Chaleur dont nous avons parlé jusqu'alors.

Comme nous l'avons dit plus haut, elle était

purifiée par le dernier degré de pression de froid qu'elle ait pu supporter.

Elle ne pouvait plus se concentrer davantage. Eh bien ! cette Chaleur, depuis qu'elle a lancé ses enfants dans l'espace du céleste Univers, est devenue Soleil ! C'est ce soleil si beau que le froid nous a fait. C'est lui qui est si brillant et qui éclaire tous les mondes de l'Univers !

Avec l'aide de son aîné, ils font tout mouvoir. C'est ce beau soleil qui était la Chaleur, qui est notre mère chérie ; quand elle se cache nous sommes tristes et mélancoliques et nous la préférons à notre père qui ne se montre que pour nous faire trembler de terreur et d'effroi.

Tandis que notre mère, c'est toujours avec le sourire aux lèvres qu'elle vient nous voir. C'est elle qui nous gâte de tous les biens de la vie.

C'est elle qui est notre grenier d'abondance, de douceurs et de plaisirs.

## La Chaleur et l'Atmosphère de l'Univers

Quand le Soleil eut montré ses rayons joyeux dans l'espace, la Lumière s'étendit dans l'atmosphère et établit, par ses rayons, des degrés de température suivant la distance dans l'atmosphère de l'Univers.

L'atmosphère la plus proche du Soleil a le degré le plus élevé, et les profondeurs de l'Univers la température la plus basse.

La variation des degrés de température du fond

de l'Univers aux centres du Soleil est de 12.960 degrés.

Les différences de températures sont immenses! Et si ce n'était les atmosphères, des astres et celle de l'Univers qui nous garantissent, nous serions dévorés par eux pour retourner faire une enveloppe au Soleil.

Un astre qui serait lancé au centre du Soleil serait anéanti à l'instant, car une grande différence de température existe des bords du Soleil à son centre.

L'atmosphère des bords du Soleil est froide et tient la chaleur concentrée; sans cela elle s'étendrait dans tout l'Univers.

Il y a quarante degrés de froid autour du Soleil et sans cette atmosphère le froid serait régulier et aussi grand sur les bords du Soleil que dans les profondeurs de l'Univers.

On appelle froid pour le Soleil, tout ce qui ne dépasse pas cent quarante degrés de chaleur, thermomètre Réaumur.

Le Froid et le Soleil se touchent, mais sans se mêler, car les rayons du Soleil traversent l'espace sans se mélanger au Froid.

Le nombre de degrés des bords du Soleil aux profondeurs de l'Univers est de 460.

Un astre ne peut pas se déranger pour aller au centre du Soleil, car il est impossible qu'il dévie de son degré de température.

Dans la nature, tout est placé pour se conserver, car tout ce qui n'a pu survivre est détruit depuis longtemps. Ce qui reste se mélange de moment en moment pour se reformer en monde plus tard.

Le Soleil perd de son éclat tous les jours, mais il chauffera encore le monde dans 600 siècles. Les atmosphères s'amoindriront et perdront de leur valeur; elles diminueraient déjà si ce n'était des astres qui continuent de fournir un peu de chaleur, par les volcans ; car le Froid les ronge et s'y mélange en chassant la Chaleur qui retourne, impure, voiler les brillants rayons du Soleil.

Le Soleil en perdant de son éclat et les atmosphères en perdant de leur chaleur, ralentissent les astres dans leurs mouvements.

C'est ce qui grandit les jours, suivant que les astres ralentissent leurs mouvements.

Par conséquent, un homme qui aurait vécu trois siècles au commencement du monde, n'a pas eu une plus longue existence qu'un homme vivant cent ans à notre époque.

Les astres se refroidissent beaucoup moins vite qu'autrefois, ce qui est cause qu'ils se ralentissent très peu.


## L'Astre naissant

Quand le soleil eut brisé son enveloppe et l'eut lancée en éclats dans l'espace, il l'envoya dans les profondeurs de l'Univers.

Mais comme les profondeurs de l'Univers sont glaciales, les éclats de l'enveloppe du soleil se sont un peu refroidis dans cette course lointaine.

Et comme le Froid repousse la Chaleur, il les
rejeta du côté du Soleil.

Quand le Soleil les vit revenir à lui, il leur
jeta un regard de dédain en s'apercevant qu'ils
rapportaient un vêtement qui ne lui plaisait
pas.

Ce vêtement que le Froid venait de leur faire
était une écorce.

Alors le Soleil, mécontent, les lança de nouveau
dans l'espace où ils se refroidirent davantage.

Puis le Froid les renvoya à son tour, mais
moins près du Soleil.

Et ils firent ce mouvement de va-et-vient
comme un balancier flexible jusqu'à ce qu'ils
soient arrivés à leur degré de température.

## Différentes Compositions des Astres

Les parties de l'enveloppe qui sortaient le
plus près du Soleil étaient presque aussi chaudes
que lui ; la différence était énorme avec les parties
de la superficie. Les parties les plus froides
allèrent le plus loin dans le céleste Univers.

Puis, dans leur parcours, plusieurs se mélangèrent ; d'autres se divisèrent et beaucoup d'autres
se formèrent des gaz reçus en se rencontrant,
ou des gaz de la superficie du globe, et de ceux
du centre de l'écorce.

C'est ce qui a fait la différence énorme de
composition de gaz dans leur formation d'astres.

Le Soleil était le pépin du fruit de l'Univers ;

sa croûte était d'une épaisseur de 13 millions de kilomètres et elle variait de gaz tous les 400 mètres.

Sa croûte possédait plus de 32 millions d'espèces de gaz.

Les astres qui contiennent le moins de variations de gaz sont les plus petits et ceux qui n'ont point reçu de chocs. Plus ils ont été disloqués, plus ils contiennent de gaz différents.

La cause de ces chocs si fréquents, c'est qu'ils ne faisaient pas leurs courses avec la même vitesse et n'allaient pas au même but : l'un revenait pendant que l'autre retournait. Quand ils se rencontraient à la moitié de leur course, ils se choquaient très violemment.

Ceux qui avaient une grande différence de température se mélangeaient et multipliaient leurs gaz.

Mais quand, après leur choc, ils se divisaient, l'atmosphère les enveloppait subitement et empêchait à leur gaz de se séparer, et alors les parties les plus chaudes allaient au centre et les plus froides formaient leur croûte.

Quand le Soleil lança son enveloppe, il se détacha des parties de sa superficie qui ont été entraînées par les gaz de sa croûte. Ces parties ont été enveloppées par l'atmosphère de l'Univers et sont allées se placer au Centre des gaz qui venaient de les entraîner.

Mais, comme ces Astres étaient excessivement chauds, ils n'allèrent que peu loin dans l'espace.

Les Astres qui contiennent le plus de cette

Chaleur, sont Mercure, Vénus, la Terre et Mars ;
puis après viennent Flore, Victoria, Vesta, Iris,
etc...

Quoique les astres les plus froids soient allés le
plus loin dans l'Univers, ils ne durcissent pas plus
vite que ceux qui sont restés près du soleil. Un
petit astre durcit plus vite qu'un gros parce qu'il a
moins de consistance, mais deux astres de même
grosseur, placés l'un dans les profondeurs de
l'Univers, l'autre près du Soleil, ne durcissent
pas plus vite l'un que l'autre.

Ils sont composés de différents gaz, c'est ce
qui les a étendus dans divers rayons de l'atmosphère. Mais, quand ils ont quitté l'astre du jour,
ils étaient aussi fluides les uns que les autres,
quoique de température différente.

C'est pourquoi Saturne est beaucoup plus froid
que Vénus, mais ils n'ont pas plus froid l'un que
l'autre puisqu'ils sont chacun à leurs degrés de
température.

Il ne gèle pas plus fort chez Neptune que chez
Mercure, chez Mars que chez Jupiter, ils ont,
comme la Terre, des hivers et des variations de
température.

Ce qui amène la glace, c'est le jus que le grand
géant le Froid a fait sortir de l'écorce du Soleil.
C'est ce jus qui s'est répandu dans le Froid et a
formé l'atmosphère de l'Univers, et l'atmosphère
des astres : il existe aussi bien dans les profondeurs de l'Univers que près du Soleil.

Comme les eaux et les atmosphères des astres
ont été créées ensemble, ils ne craignent pas plus

le Froid chez Uranus que chez nous. Malgré cela, tous les astres se refroidissent en s'éloignant du Soleil.

Les Astres froids des profondeurs de l'Univers sont beaucoup moins repoussés par les rayons du Soleil que la Terre, parce que les rayons du Soleil perdent leurs forces pour aller dans ces lointains espaces.

## Mouvements des Astres

La cause du mouvement des Astres est le Soleil ainsi que le grand géant le Froid.

Quand les astres furent arrêtés dans leur balancement de va-et-vient que leur faisait subir le Froid et le Soleil, en les chassant chacun à son tour, ils ne purent pas rester inactifs puisque la Chaleur étaient au Centre et que leur superficie était refroidie. Ils éprouvaient l'effet d'une boule de fer vide qui surnage dans l'eau. Si l'on prenait une épée et avec la pointe qu'on essayât d'enfoncer la boule de fer vide dans le fond de l'eau, celle-ci tournerait pour se dégager de la pointe qui voudrait, mais ne pourrait l'enfoncer. Et la boule en se dégageant irait de côté en avançant.

Il en est de même pour les astres : leur centre qui est chaud et ne peut supporter le Froid, ne peut s'enfoncer dans les profondeurs de l'Univers. Le Soleil envoie ses rayons de Chaleur sur leur enveloppe qui est froide pour les enfoncer dans le céleste Univers ; alors, les astres pour ne pas s'enfoncer dans le Froid tournent pour se dégager des rayons du Soleil. Et c'est en tournant qu'ils font leur mouvement de rotation.

Comme ils ne peuvent tourner sur place, ils sont obligés d'avancer dans l'espace sans pouvoir s'arrêter dans leur marche, et ce mouvement les fait tourner autour du Soleil.

## Ce qui a donné la Forme aux Astres

Les Astres que le Soleil et le Froid font tourner, étaient encore à l'état fluide mais recouverts d'une écorce vaseuse que le froid leur avait formée en se mélangeant à leur superficie.

Cette croûte que le Froid venait de leur faire n'était pas durcie ; elle ne servait qu'à séparer le Froid de leurs Centre.

Comme cette écorce était encore à l'état vaseux, le Froid, en les pressant dans leur parcours, les a fait se concentrer en globes.

Une fois concentrés, la partie sur laquelle ils tournaient s'augmenta et ils continuèrent de tourner sur leur équateur.

Le Froid qui pressait leurs pôles chercha à les faire rentrer dans leur Centre.

La tension de l'équateur et la pression du Froid qui concentrait les Pôles leur donna la forme d'une boule un peu aplatie : les astres ont donc plus de diamètre à leur équateur qu'à leurs pôles.

Les astres des profondeurs de l'Univers sont

moins aplatis à leurs pôles que ceux qui sont plus près dans l'espace.

C'est parce qu'ils sont composés de gaz plus froids qu'ils tournent moins vite et que le Froid a moins de pression à leurs pôles. Les rayons du Soleil ont aussi moins de force sur eux.

## L'Atmosphère des Astres

Les Astres en tournant étaient brûlés d'un côté par le Soleil et de l'autre glacés par le Froid.

Le Froid excessif de la Nuit humectait les astres chauds et nus qui roulaient dans l'humidité de l'Atmosphère. A la pointe du jour, cette humidité formait des brouillards et retombait en rosée la nuit suivante.

Puis le Soleil et l'Air pompaient toujours l'eau nouvelle que la Nuit leur apportait et faisait des crevasses à leur superficie qui avait été renflée par la rosée de la nuit.

Et la nuit suivante, l'eau pénétrait plus profondément dans la croûte des astres en passant par les crevasses que le Soleil et l'Air leur avaient faites.

L'eau en passant dans les astres et en lavant leur croûte se mélangeait à la composition des gaz qu'il possédait et se changeait en vapeur, contenant de tout ce que possédait la surface de leurs astres et se mélangeait avec l'atmosphère de l'Univers qui les entourait.

Par ce mélange, elle formait une combinaison

nouvelle qui s'étendait chaque jour de plus en plus.

Pour former leurs atmosphères, 30 ans ont suffi aux astres pour supporter et créer quelque chose de vivant. Ce qui les a le plus fortifiés ce sont les éruptions de volcans. Les gaz sont difficiles à faire sortir de leurs astres, mais une fois sortis ils ne peuvent plus y rentrer.

Ce ne sont pas les gaz des éruptions ni des volcans qui ont étendu les atmosphères, ce sont les eaux, mais les gaz les ont fortifiées.

## Formation des Satellites

Les satellites ne se sont pas formés par le choc qu'ont subi les astres à la dislocation de l'écorce du soleil. A cette époque, ils ne possédaient pas d'atmosphère et il leur en fallait.

Ils se sont formés par des astres très gros, cinq années après cette dislocation et dès qu'ils ont été équilibrés à leur degré dans l'atmosphère de l'Univers.

Les atmosphères varient suivant la grosseur des astres. La Terre, à cette époque, en possédait 30.000 kilomètres d'épaisseur et sa croûte était de 4.000 mètres.

Voici un exposé court et rapide de la Terre : Elle avait 4.000 mètres de croûte à 5 ans, car à cette époque le Froid avait beaucoup d'influence sur elle ; sa végétation était nue et son atmosphère venait de naître.

Comme sa croûte était mince, le Froid la

fortifia très vite, un siècle plus tard elle avait 10.000 mètres d'épaisseur.

C'est à cette époque que l'homme apparut.

Insensiblement, sa croûte s'épaissit moins vite et actuellement elle ne s'épaissit que d'un mètre par année. Dans 3.000 ans, elle ne prendra que 75 mètres par siècle.

Puis, elle finira par ne presque plus s'épaissir. La Terre a donc encore pour longtemps à exister : dans 200 siècles, l'homme discutera encore la fin de son existence. Dans 60 siècles, la Terre n'aura que 36 kilomètres d'épaisseur de croûte ; l'homme l'habitera encore quand elle aura 60 kilomètres.

Revenons à la formation des satellites : cinq années après avoir été équilibrés, les astres possédaient une atmosphère et une croûte qui commençait à résister un peu. Le froid concentre tous les corps excepté l'eau qui est le troisième des gaz ayant formé le système solaire. C'est l'eau qui a formé les atmosphères.

L'eau joue un grand rôle dans la Nature. Prise à 0 degré, elle augmente de volume, mais sans se mélanger au Froid et à la Chaleur car elle ne s'unit qu'aux astres et à leurs atmosphères.

Puisque le Froid concentre tous les corps, la croûte des astres se refroidissait et se concentrait en pressant le gaz de leur centre. Ces concentrations continuelles ont fait des crevasses de l'épaisseur de leurs croûtes et la pression les a fait ouvrir. Alors les gaz intérieurs jaillirent avec une telle vitesse qu'il en sortit beaucoup plus

qu'il ne fallait car la croûte de ces astres était
encore tendre.

Mais comme les astres qui chassaient leurs gaz
avaient une atmosphère composée des mêmes gaz
qu'eux, elles ont enveloppé ces gaz pour les garder
près d'eux. Dès que la quantité voulue fut échappée
de leur centre et qu'ils n'eurent plus d'autre
pression que l'élan de concentration qu'ils avaient
subie, le Froid a fermé les fissures et les a soudées,
et quand les gaz des astres ont été enveloppés de
leur atmosphère et sont devenus leurs satellites,
il s'est formé une croûte nouvelle autour d'eux et
ils ont été séparés entièrement de leurs planètes
parce que l'atmosphère des planètes était très
faible de volume et de corps, et leurs satellites
ne devaient pas rester près d'eux.

Ces astres nouveaux se mirent à tourner en
les suivant, puis ils se formèrent une atmosphère
dans la leur.

A mesure que leur atmosphère augmentait,
satellites et planètes s'éloignèrent en tournant
ensemble.

Les satellites voyagent dans l'atmosphère de
leurs planètes quoique étant enveloppés d'un
atmosphère à eux.

Les atmosphères vont en diminuant de force et
ils tiennent leurs planètes et leurs satellites à
leur centre sans qu'ils puissent en sortir. Mais les
satellites ne peuvent pas abandonner leurs planètes, car ils sont tenus dans un de leurs rayons
atmosphériques.

Les astres qui ont plusieurs satellites avaient

une croûte beaucoup moins durcie que la Terre qui n'en a qu'un.

Deux satellites ne peuvent pas voyager dans un même rayon atmosphérique de leurs astres car ils se choqueraient violemment.

S'il s'était échappé des gaz dans une seule éruption, sur différents points d'une planète, ils n'auraient pas été plus éloignés les uns que les autres et ils se seraient mélangés à la première rencontre, n'ayant pas eu le temps de se former une croûte pour empêcher ce mélange.

Il a donc fallu qu'il y ait plusieurs eruptions aux astres qui ont plusieurs satellites.


## Les Constellations

Les Constellations sont placées sur un même rayon atmosphérique quand les astres sont éloignés les uns des autres. Elles n'ont point d'atmosphère et sont sans mouvement par une cause très bizarre.

A l'époque de la dislocation de l'écorce du Soleil, il y avait des parties du centre de cette écorce qui formaient des astres d'une belle grosseur et qui, plus tard, avaient une croûte peu épaisse et peu durcie. Puis, d'autres petits astres de la superficie de l'enveloppe du Soleil. Ces derniers étaient beaucoup plus froids et plus durs que les gros, car plus les astres sont petits, plus ils durcissent vite.

Dans leur mouvement de balancement, les

astres du centre de l'enveloppe du Soleil étant
énormément plus gros et plus chauds, s'éloi-
gnaient moins dans l'espace que les petits qui
étaient très vite refroidis.

C'est pourquoi ils se sont rencontrés presque
à l'extrémité de leur parcours.

Et comme les petits astres étaient très durs,
ils ont traversé la croûte des gros et sont allés
se loger dans leur centre. Les gros astres étaient
à leur distance extrême dans l'espace céleste et
le Froid avait toute sa pression sur eux. Alors,
tous les gaz s'échappèrent par les trous faits aux
gros astres, c'est alors que les petits astres froids
logés dans le gros, ne purent pas y rester, la
chaleur du centre les chassant contre les parois
de leurs croûtes. Mais n'ayant pas d'élan pour
traverser leur enveloppe et sortir d'une chaleur
qui leur déplaisait ils allaient s'attacher aux
parois de leurs croûtes. Puis la chaleur chassa du
centre toutes les parties les plus froides, ce qui
fit contre poids aux Astres.

Mais, comme ils avaient une partie plus froide
que l'autre, elle fut lancée par les rayons du
soleil du côté du froid et n'en bougea plus.

Cela fit l'effet d'une boule de fer vide, plombée
d'un côté à l'intérieur et mise dans l'eau ; on peut
appuyer sur la boule avec un pointe, la boule
s'enfoncera sans pouvoir se dégager.

Eh bien ! il en est de même des astres sans
mouvement ; ils ne peuvent se dégager des rayons
de chaleur qui les enfoncent de tous le poids de
leur force dans les profondeurs de l'Univers.

C'est la cause du manque de mouvement de rotation, que ces astres n'ont pas d'atmosphère, puisque c'est en tournant qu'ils se font de l'eau et c'est cette eau qui fait leur atmosphère. Ce sont des astres qui n'ont point d'atmosphère et qui voyagent dans des rayons atmosphériques de l'Univers.

Un groupe de ces astres forme une constellation sans mouvement, sur un même rayon atmosphérique.

Ce qui a créé les constellations mouvantes, ce sont des gaz énormes qui avaient une forte atmosphère, mais dont la croûte était peu durcie. Ces astres gigantesques se sont trouvés engagés entre les petits qui ont été écrasés et divisés en plusieurs parties. Mais comme leurs atmosphères ne pouvaient pas se décomposer, les constellations sont restées intactes et ont conservé leurs débris dans leur enveloppe car les atmosphères ne se mélangent jamais par leur pression.

C'est l'atmosphère de ces astres gigantesques qui tient ces constellations réunies sans qu'elles puissent bouger.

## Ce qui forme les Comètes

Il restait des vides entre les astres quand leur atmosphère était d'un grand volume.

Puisque les astres sont ronds et que des sphères ne peuvent se toucher sur plusieurs points, ces vides qui étaient entre eux leur occasionnaient

des froissements terribles : Pour les combler, les
atmosphères des astres se frottèrent en tournant
avec une telle vitesse qu'ils mélangèrent leurs
superficies composées chacune de beaucoup de
gaz différents, ils ont produit d'autres combinaisons.

Ces combinaisons composèrent des atmosphères nouvelles qui remplirent les vides qui
étaient entre eux. Elles n'étaient pas formées des
mêmes gaz, mais se correspondant sans se mélanger.

Et comme elles n'ont pas d'astre à leur centre,
elles sont des atmosphères composées qui sont
bien plus riches en gaz que les atmosphères des
astres.

N'ayant pas d'astres à leur centre, le froid les
saisit plus vite et leur donna plus de consistance.

Les astres sont comme si l'on faisait marcher
vingt régiments de front dans une plaine : parfois,
ceux du centre auraient trop d'espace ou bien ils
seraient écrasés si l'on en supprimait des rangs.

Il en est de même des astres : si ce n'était de
l'élasticité de leurs atmosphères, ils seraient
broyés parfois, ou bien ils ne se touchent pas ; il
y aurait même de grandes distances entre eux.
Ils sont tenus à leur place par leurs atmosphères :
le Froid les presse d'un côté et le Soleil les chasse
de l'autre : ils ne peuvent faire d'écarts. Ce qui
les dérange, ce sont les Planètes et les astres
libres quand ils passent devant eux.

Dans leur course, il forcent sur les atmosphères de ceux qui les joignent et leur font faire

le mouvement du flux de la mer. Ce flux leur fait
tendre l'élasticité de leurs atmosphères.

Au moment du reflux, ce sont les atmosphères
tendues qui se concentrent bien doucement. Mais
quand ils arrivent à leurs distances régulières, les
astres du centre ne bougent plus. Mais comme
l'élan des parties superficielles sort à leur grande
vitesse de concentration, elles continuent leur
course en pressant ceux du centre suivant le
mouvement du flux qu'ils ont eu. C'est alors que
l'astre du Centre de ce groupe qui se trouve le
plus pressé est obligé de céder. Puis, son atmosphère ayant moins de consistance que les atmosphères composés, s'étend et file pour laisser la
place à son astre.

En s'étendant, il produit des effets lumineux
que le Soleil fait ressortir en dardant ses rayons
sur les atmosphères des astres pressés.

Ce sont les Comètes.

La grandeur des Comètes varie suivant la
grosseur des astres, le volume de leur atmosphère et la pression qu'ils subissent.

Il peut se produire des Comètes à deux queues,
mais il faut pour cela que la pression atmosphérique soit bien égale sur les astres pressées et que
les deux faces où elles s'étendent soient aussi
libres l'une que l'autre.

Il se peut même qu'il se produise des effets de
soleil, par une pression atmosphérique bien
égale sur un astre, et que la résistance des atmosphères qui l'entourent soit régulière de pression.
Alors, l'atmosphère de l'astre pressé s'étendra

entre les atmosphères composées qui l'environnent, et l'effet lumineux peut se produire tout
autour de l'astre pressé ce qui produit l'effet d'un
soleil.

## Le Volcan

Un Volcan est une flamme qui sort du centre
des astres par la concentration que fait le Froid
à leurs croûtes et les fait diminuer de volume;
alors le trop plein du gaz intérieur est obligé de
sortir pour faire place à la croûte qui se rétrécit.

Le Volcan ne laisse jamais de vide au centre
des astres. Il ne s'échappe des cratères que ce qui
est trop pressé dans les enveloppes des astres.
Dès qu'il ne sont plus forcés par la pression, les
Volcans s'arrêtent de vomir, la bouche des cratères se referme.

Il y aura des éruptions tant que les astres
se refroidiront. Dans 200 siècles, il y en aura
encore. Et c'est heureux, car ce sont les volcans
qui soutiennent et maintiennent nos atmosphères qui diminueront quand il n'y aura plus
d'éruptions du centre des astres pour leur donner
de la consistance.

Les croûtes deviendront alors trop dures et
trop concentrées.

Les atmosphères ne prennent que peu de
volume actuellement. Elles se sont formées très
vite, mais elles finissent par s'étendre très doucement.

La Terre grandira le volume de la sienne

jusqu'à ce qu'elle ait atteint 37.000 mètres
d'épaisseur de croûte; alors, elle restera station-
naire jusqu'à ce qu'elle ait atteint 39.000 mètres.

Puis, quand il n'y aura plus assez d'atmosphère
pour y vivre, il faudra que la croûte atteigne
60.000 mètres d'épaisseur !

## Les Tremblements de Terre

Les effondrements de la Terre ne viennent ni
de son centre, ni de son foyer, car il n'y a pas de
vide entre son fluide intérieur et sa croûte.

Ces effondrements se produisent par des courants d'eau qui passent dans l'intérieur de sa
croûte, par des parties salines ou sulfureuses, ou
ferrugineuses, etc., car l'eau ronge tout.

Quand cette eau a fait des vides trop grands et
que la superficie de l'écorce n'a plus la force de
supporter le poids de l'air elle s'effondre de la
profondeur du vide que l'eau lui a creusé.

Il se forme des vides dans lesquels roulent
des blocs énormes détachés, jusqu'à ce qu'ils
soient équilibrés. Mais aucune partie ne peut
s'effondrer dans le centre de la terre.

Les Tremblements de terre sont partiels la
croûte ne peut s'effondrer de toute son épaisseur.

Il y a eu à l'époque primitive des effondrements terribles, car la croûte de la Terre était
bien faible et se refroidissait très vite. Mais
comme elle était élastique, elle subissait une
grande pression avant de laisser échapper le

trop plein de ses gaz. Et quand elle s'ouvrait, il s'échappait des masses de gaz dues à l'élan de concentration que subissait sa croûte élastique, laquelle, étant faible, suivait le vide qui se faisait dans son intérieur. Lorsque le volcan avait fini de vomir, la bouche énorme de la première éruption se refermait et se ressoudait immédiatement. Mais la croûte de la Terre n'était plus ronde, ce qui ne l'enpêchait pas de tourner avec un élan rapide. En tournant elle essaya de reprendre sa forme habituelle, mais les gaz de son intérieur firent fouetter sa croûte et la brisèrent de tous côtés.

Et la croûte et les eaux, quoique déplacées, naviguèrent ensemble en se broyant jusqu'à ce qu'il fussent ressoudés. Puis, ils laissèrent des vides en se broyant, et les parties accumulées formèrent des chènes de montagnes.

C'est le premier ébranlement qui a formé les pierres les plus dures. Ces secousses refroidissaient aussi l'écorce de la Terre.

La croûte actuelle de la Terre est une fois plus épaisse qu'il ne faut pour éviter un effondrement.

D'ailleurs, ce n'est pas par son épaisseur seule que la Terre a pris de la force : c'est en durcissant qu'elle s'est aussi renforcée.

Très souvent, il se fait des boursoufflures dans l'écorce de la Terre. Ce qui en est cause, ce sont les volcans trop durs pour vomir leur laves qui engorgent leurs cratères, et c'est la partie la plus faible de l'écorce de la Terre qui est obligée de céder. Et comme les parties les plus faibles se

trouvent dans les profondeurs des eaux, c'est là
que la croûte cède le plus souvent.

Il se fera toujours des boursouflures, mais
il ne peut rien s'effondrer car il y a toujours du
trop plein dans l'intérieur du globe et rien de la
superficie ne cherche à aller au centre.

## L'Eau

Sans l'eau, les deux premiers gaz seuls et leurs
crassiers n'auraient pu se former ; ils auraient
fait que se combattre éternellement.

Leurs crasses, qui sont les astres, n'auraient
jamais eu de croûtes et point d'atmosphères ; ils
seraient restés à l'état fluide, et comme ils
n'auraient point eu d'écorce ni d'atmosphère, ils
se seraient mélangés continuellement et seraient
retournés faire une enveloppe au Soleil.

Le Froid et la Chaleur pénètrent partout mais
sans se lier à aucun corps qu'ils traversent; ils ne
laissent pas de traces.

L'eau est composée de la crasse des deux
premiers gaz auxquels elle se mélange très
facilement.

L'eau prend plus de volume par le Froid que
par la Chaleur, parce qu'elle contient plus de
froid que de chaleur.

A 100° de froid elle est bien plus légère qu'à
200° de chaleur (Réaumur).

Par la Chaleur comme par le Froid, elle se
soulève, mais avec l'aide de l'air qui l'entraîne.

3

A zéro de température, l'eau prend du volume des deux côtés.

Quand l'eau est chauffée par le soleil et qu'un air froid vient circuler sur elle, la chaleur est chassée de son sein et, en sortant de l'eau, elle entraîne avec elle les brouillards qui montent et retombent en pluie.

Mais l'eau qui est pompée par les rayons du Soleil tombe bien souvent en grêle. Tandis que l'eau formée par le froid fait des brouillards, du givre et de la neige, ou compose le grésil.

La Neige est l'humidité que le Froid forme en rongeant les glace des mers.

Elle se tient beaucoup plus haut que la pluie dans l'atmosphère. Aussi, la neige cherche toujours les hauteurs pour venir s'y poser, car elle est très légère, et les montagnes étant plus fraîches que les plaines, l'air y est plus vif. C'est ce qui fait que la neige s'y pose facilement.

Dans l'atmosphère, il y a de la neige en été, mais elle habite des régions tout à fait élevées.

Le grésil est formé par des nuages de neige qui sont forcés, par des courants atmosphériques, de traverser les brouillards. En passant par ces nuages qui ne sont pas de la même température, l'air qui est entre eux se trouve concentré et roule la neige, le froid de la neige congèle ces brouillards.

Et le tout retombe ensemble, sous forme de grésil.

La grêle est l'humidité pompée par la forte chaleur du Soleil d'été qui forme des nuages mou-

tonnés, très épais. Comme ces nuages ont des vides
entre eux et qu'ils sont à des hauteurs glaciales,
le Soleil en dardant ses rayons sur leur superficie,
les rend bouillants. Mais ces nuages ont des
parties ombrées et froides ; ils sont donc glacés
d'un côté et brûlants de l'autre. Dans leur grand
mouvement, ils font engager la Chaleur entre
ces glaciers et elle se trouve fermée et pressée
entre eux.

Mais comme la Chaleur et le Froid ne se
supportent pas, étant pressés ensemble, ils font
explosion et cette explosion chasse d'autres
nuages qui en font autant jusqu'à ce qu'ils soient
tous dispersés.

Pendant que la Chaleur mutine en pulvérisant
les glaciers, l'éclair jaillit et la foudre tombe.
Puis les débris des glaces les suivent et viennent
anéantir nos récoltes.

L'eau a des moments terribles :

En été, quand les nuages sont épais, ils sont
gelés à leur partie inférieure. C'est le Soleil qui,
en dardant ses rayons d'aplomb sur eux, à midi,
laisse le Froid s'y loger facilement à cet endroit.
Ce qui leur fait de la glace en quantité.

Et quand, à trois heures, le soleil darde obli-
quement ses rayons sur ces nuages, il les fait
rouler, glacés d'un côté, brûlants de l'autre.

Deux nuages en passant l'un près de l'autre
peuvent produire de la grêle : ils sont glacés
d'un côté et brûlants de l'autre. En arrivant l'un
sur l'autre, le Froid concentre la chaleur du
nuage qui est dessous, et la chaleur de celui-ci

concentre le Froid du nuage supérieur : il en résulte entre eux un vide qui fait rapprocher instantanément les deux nuages. Alors la Chaleur et le Froid font explosion et la foudre recommence.

C'est ce troisième cas qui fait tomber la grêle pendant la nuit.

## L'Air, le Froid et la Chaleur

L'air ronge l'eau pour la monter dans l'atmosphère, pendant que le Soleil la chasse.

Si le Soleil absorbait l'eau, il dessècherait les mers. Mais il fait monter l'eau des mers dans l'atmosphère par l'air qui se glisse sous les flots.

Le Soleil n'attire pas l'eau et il monte aux nues plus d'eau par le froid que par la chaleur, car le Froid attire l'eau et le Soleil la chasse.

L'eau n'est pas plus tendue à 200' de chaleur qu'à 100° de froid.

Aussi, la force du Froid sur l'eau est double de celle de la Chaleur.

Le Soleil pompe l'eau sur la terre quand elle est humide parce qu'elle contient de l'air frais qui, sous les rayons du Soleil, grandit son volume, reste humide et monte cette eau pour l'étendre dans l'atmosphère. Ce déplacement forme des vents qui, montant encore plus d'eau, produisent des orages.

Si le froid ne changeait pas l'eau en glace, il la monterait une fois plus vite dans les nues que la Chaleur. Mais il est obligé de ronger ce qu'il a durci pour le monter dans l'air, sans cela il n'y aurait plus d'eau sur Terre. Il se formerait, dans l'atmosphère de l'Univers, des boules qui grossiraient jusqu'à ce qu'il n'y ait plus d'eau sur les astres et dans leurs atmosphères.

Si le vide d'eau se faisait dans l'atmosphère, tout ce qui est inflammable prendrait feu instantanément, et le Centre de la Terre avec l'atmosphère sans eau, feraient fondre leur croûte.

Ce qui fait que les aéronautes ne peuvent dépasser le zénith, c'est parce que l'eau de l'air est trop tendue par le froid. et ne peut circuler dans les poumons.

Le Froid concentre l'eau par la Chaleur et la Chaleur concentre celle du Froid, mais tous les deux s'étendent.

Ce sont ces concentrations d'eau par la Chaleur et le Froid qui marquent le mouvement de la Terre et ses années.

Le pôle d'hiver est plus léger que le pôle d'été. S'il ne s'allégeait pas, il ne pourrait revenir du côté du Soleil et resterait dans les profondeurs de l'Univers, s'y enfoncerait de plus en plus et la Terre s'arrêterait dans son mouvement de rotation.

C'est le Froid qui allège le pôle d'hiver et l'oblige à revenir prendre du poids par les rayons du Soleil, pendant que le pôle d'été va s'alléger à son tour dans le Froid.

L'air contient beaucoup d'eau : même dans les parties les plus sèches et les plus chaudes, il y en a énormément.

## Une Expérience facile

Prenez une carafe pleine de glace ou d'eau glacée : pendez-la, en plein Sahara, à un mètre de hauteur pour que l'air puisse circuler librement autour. Au bout de deux ou trois minutes les parois de la carafe seront recouvertes d'eau.

Cet effet est produit par le Froid des parois de la carafe qui a chassé la Chaleur qui était autour d'elle. Mais, en revanche, cette chaleur lui envoie l'eau de l'atmosphère qui se trouve dans le déplacement de chaleur que le Froid lui a fait subir.

L'eau qui lave la surface de la Terre monte par l'air dans l'atmosphère et s'y mélange en la composant de tout ce qu'elle contient. Les Volcans lui fournissent les gaz de son centre, de sorte que l'atmosphère est composée des mêmes gaz que la Terre.

L'air se composant des gaz de la Terre et de l'atmosphère de l'Univers, donne l'existence au règne animal et au règne végétal.

# PROLOGUE DE LA DEUXIÈME PARTIE

---

## L'Art du vieux Temps en Astronomie

Certains chercheurs dans la voûte du céleste Univers ont découvert de leurs télescopes des astres qui emmagasinent les rayons du Soleil.

Si leurs dires étaient vrais, nous verrions aller ces astres se brûler comme des mouches au gaz qui nous éclaire.

Il est temps de changer le vieux système et d'amplifier la vérité.

---

---

## Densité de la Terre

La sphéroïde de la terre est de 510 millions de kilomètres carrés, et son volume est de mille milliards de kilomètres cubes.

Le poids de son ensemble est de zéro, ou plutôt une fois plus légère que l'eau.

Le poids moyen de sa croûte est cinq fois celui de l'eau.

Son intérieur diminue de densité jusqu'au centre.

A dix kilomètres de sa croûte, soit quarante kilomètres de la superficie, les gaz sont lestes à enlever leur volume d'eau.

Le poids de son centre est trente fois plus léger que l'eau. Il enlèverait son volume d'or avec une grande vitesse, car c'est la plus pure chaleur qui est au centre de la terre.

La chaleur n'est pas plus forte à dix kilomètres des bords du soleil qu'elle ne l'est au centre de la terre, car le soleil est comme les astres, c'est la plus pure chaleur qui est à son centre.

La cause de l'attraction de la terre est que son centre contient une plus forte chaleur que la

superficie du soleil. Puis le froid de l'atmosphère par sa pression lui produit sa répulsion.

La terre fait de vifs écarts dans l'atmosphère ;
ce qui en est cause, ce sont les rayons du soleil
qui frappent contre un astre qui l'éclipse partiel-
lement, car ils ne portent plus régulièrement
contre ses parois.

Si la terre était éclipsée totalement, elle se
rapprocherait du soleil avec une vitesse vertigi-
neuse pendant la durée de l'éclipse, et sans ne rien
déranger à la rotation ni à la translation. Puis
une fois l'éclipse passée, la terre retournerait
à sa place dans l'atmosphère de l'univers, en
restant au centre de la sienne.

### Attraction et Répulsion des Astres

La densité des astres est comme celle de la
terre, toute à zéro. Les astres habitent les régions
de leur température dans l'atmosphère de l'univers.

Vénus et Mercure n'ont pas plus de poids
qu'Uranus et Neptune ; ils sont placés dans les
rayons de l'atmosphère, suivant leurs degrés de
chaleur. Il n'y a que leurs attractions et leurs
répulsions qui diffèrent.

Si nous habitions sur Vénus, nous ne pourrions marcher qu'avec peine, et si nous étions
les hôtes de Mercure, nous ne pourrions pas
nous porter, car l'attraction et la répulsion de
ces astres sont bien plus fortes que celles de la

terre ; comme étant plus près du soleil, ces planètes ont beaucoup plus de chaleur à leur centre,
ce qui leur fait avoir une bien plus forte attraction. Puis leur atmosphère qui n'est qu'un peu
moins froide que la nôtre, les rayons du soleil
dardant sur eux avec plus de force, leur fait
avoir une bien plus forte répulsion.

Le contraire est que si nous habitions Jupiter,
nous pourrions faire des sauts aussi hauts que
la tour Eiffel. Sur Saturne, notre saut nous
ferait rester plus de dix minutes dans les airs.
Et sur Neptune, s'il faisait un peu d'air, nous
voltigerions comme le duvet. Ces phénomènes
sont causés par les rayons du soleil qui ne
frappent sur ces astres lointains qu'avec peu
de force. Comme ces derniers ne sont que fai-
blement chassés par les rayons du soleil, l'atmosphère a très peu de pression sur eux, ce qui
ne leur a produit qu'une répulsion relative ; puis
comme leur centre ne contient que très peu de
chaleur, que les bords du soleil sont bien plus
chauds, ils ne peuvent point avoir d'attraction.

Quoique l'attraction et la répulsion sur ces
astres ne soient pas les mêmes, les corps leurs
sont adhérents. Il n'y a pas la différence que
nous pourrions y trouver si nous les habitions,
car sur Jupiter ou Saturne, les corps y sont
plus lourds et plus mous, tandis que sur Mercure
ils sont plus légers et beaucoup plus nerveux,
mais sur cette dernière planète, la vie est bien
plus courte que sur les précédentes.

Les astres qui possèdent de l'attraction sont

ceux situés de Mercure à Flore, puis après, ce phénomène disparait.

Flore a très peu d'attraction, Victoria en a plus, mais il a une forte répulsion. Vesta, Iris Métis, Hébé, Parthenop, etc., perdent sensiblement la leur.

Les astres des profondeurs de l'univers qui n'ont point d'atmosphère composée ou sans force, se décomposent et se fondent dans la voûte du céleste univers.

Ce qui les détruit ce sont les sels, car les profondeurs de l'univers en contiennent en grande quantité et des plus dissolvants. Ce sont eux qui vont tout ronger pour revenir faire une enveloppe au soleil.

## Translation de la Terre

A l'époque primitive, quand la terre fut arrêtée de son élan de va-et-vient que lui faisaient subir le froid et la chaleur, elle prit un mouvement de rotation qui la dirigea sur une même ligne : l'équateur, car le froid a saisi ses pôles et les a concentrés au premier tour qu'elle fit. Son équateur était parallèle au soleil. Elle n'avait point de translation.

Ce n'est que quand la première éruption a chassé la lune de son sein et qu'elle a accumulé des parties de sa croûte qui ont fait des barrages aux eaux, qu'elle a pris son mouvement.

Ces barrages étaient plus refroidis que ne

l'était le reste de sa croûte; ils avaient le double de poids que les eaux qui les environnaient.

Ces parties accumulées ne pouvaient pas être la propriété des pôles, puisque la vitesse chasse le poids.

La rotation de la terre à cette époque dépassait deux fois celle de quatre cent soixante-trois mètres par seconde qu'elle a actuellement.

Ce sont ces monts accumulés et placés inégalement qui ont obstrué les eaux et fait dévier de leur courant et leur ont donné une direction qui les a envoyés au pôle austral. C'est ce phénomène qui lui a fait prendre du volume et le fit pencher du côté des fonds de l'univers.

Mais la terre, qui est comme une boule de fer vide dans l'eau, qui surnage entre les profondeurs de l'univers et le soleil et dont la croûte avait deux fois le poids de l'eau, ne pouvait rester à la surface. La pression que faisait le froid de l'univers aux eaux du pôle d'hiver les ont fait revenir au pôle d'été, ce qui lui donne du volume et du poids.

Ce pôle fut aussi lancé à son tour dans le froid pour que le pôle d'hiver revienne rendre visite au soleil, pour retourner plus tard faire face aux profondeurs de l'univers.

Si le pôle d'hiver ne conservait l'eau en glace près de lui, il ne lui en resterait que peu. La translation de trois cent soixante-cinq jours six heures neuf minutes dix secondes et trente-sept centièmes, serait de cinq cent soixante-douze jours. Nos variations de température seraient beaucoup plus fortes. Mais les glaces ne peuvent l'abandonner, car le dessous touche la terre.

En juin et décembre, l'équateur est traversé par des courants d'eau qui représentent un million de kilomètres carrés pour vingt-quatre heures. Ce sont les pôles qui en ressentent le plus grand mouvement, car ce sont eux qui en reçoivent le flux et le reflux.

Si le 1er septembre ou le 1er mars l'on faisait une digue à l'équateur, la translation serait finie, les jours seraient réguliers.

## Les Rougeurs du Ciel ou les Aurores lumineuses

Les rougeurs qui se montrent à la voûte céleste signifient que l'atmosphère est trop tendue, c'est pourquoi le soleil nous apparaît pourpré.

Quand c'est au levant que ces rougeurs se présentent, le soleil les attire et les submerge, puis il fait un barrage à l'air humide qu'il chasse devant lui, car l'atmosphère n'est pas régulière ; si elle est trop tendue d'un côté, c'est qu'elle est chargée d'un autre.

Quand le soleil arrive sur cet air frais et humide qu'il a retenu devant lui, il le charge du poids de ces rayons, le concentre et fait pleuvoir. Puis, quand il a dépassé cette atmosphère chargée, il la chasse du côté de celui qui est tendu, et en se mélangeant, ils font souvent du fracas.

Quand, au contraire, les rougeurs apparaissent au couchant, l'air a des tendances à absorber l'humidité qui lui manque, sans subir aucune pression, car le soleil est devant l'atmosphère tendue.

Le lendemain, puisque l'atmosphère n'était pas chargée, il ne peut tomber d'eau, à moins qu'il y ait perturbation.

Le cas de dérangement dans l'atmosphère est dû aux glaces qui voyagent au pôle d'été.

L'ellipsoïde de demi-saison d'automne et d'hiver conserve ces glaces sans mouvements et ne forme point d'orages.

Les orages proviennent de beaucoup de cas. Si la terre était uniforme, sans avoir de pôle et point de lune, nous n'aurions que peu de troubles atmosphériques. Il n'y aurait que les astres du lointain qui nous feraient faire quelques mouvements, mais peu sensibles.

Les aurores boréales, comme toutes les rougeurs du ciel, sont dues à l'atmosphère trop tendue du lieu qui les compose, soit par le froid ou soit par la chaleur.

## Les Bolides

Les bolides de la première époque étaient énormes, ils variaient suivant la quantité de gaz qui était chassée par la pression de la croûte de la terre.

Ce fluide, en sortant de dessous la croûte,

traversait les eaux qui la couvraient et il se
refroidissait en passant; quand il arrivait dans
l'atmosphère, il ne pouvait faire comme avait
fait la lune, se réunir et se créer une atmosphère, car il était trop refroidi pour qu'il puisse
se concentrer un fluide de chaleur à son centre.
Il continuait, comme une fumée épaisse, à circuler dans l'espace, et à mesure qu'il se refroidissait, il se concentrait; puis, quand l'atmosphère avait absorbé une partie de ce qui lui
revenait, il tombait lourdement dans les eaux
ou sur le sol.

En tombant, comme il n'était pas bien durci,
il s'est broyé et il a fait des variétés nouvelles.

Les bolides actuels sortent des volcans et
voyagent dans les courants de l'atmosphère
sans qu'ils puissent s'y mélanger, car le fluide
qui sort du centre de la terre est composé de la
croûte et de l'air qui nous environnent; puis quand
ils se trouvent saisis par plusieurs courants qui
les roulent, qui tirent à eux ce qui leur appartient, c'est alors que la composition de pierre se
fait et tombe sur la terre,

Par des courants d'atmosphère trop tendus et
chauds, qui seraient saisis par le froid, il peut
se former de la pierre, car l'atmosphère contient
de tout ce que possède la terre.

Les étoiles filantes sont formées comme les
précédents, mais les corps dont elles se composent ne sont pas assez durcis pour qu'ils tombent
en pierre, ils se fondent dans leurs parcours en
fendant l'espace.

## Variation des Compositions de la Croûte de la Terre

A la première époque de la terre, une fois son atmosphère un peu composée, elle fut submergée par l'eau, et elle s'est fait des courants dans divers sens, car la rotation les faisait mouvoir.

A cette époque, sa croûte était faible, elle fut obligée de céder sur différentes parties aux courants qui l'entraînaient, c'est ce qui a remué jusqu'aux matières qui touchaient son fluide ardent.

Plus les eaux allaient profond dans cette vase, plus elles remuaient les parties durcies; ce sont ces courants d'eau qui ont formé les sables.

Les pôles n'étaient pas garnis de même composition qu'à l'équateur, puisque le froid chasse la chaleur au centre de la terre, l'équateur étant plus chaud, était composé d'autres matières.

Les pôles étaient garnis de la plus impure chaleur, ils variaient de composition de gaz suivant la distance de l'équateur; puis, outre leurs étendues, il y avait l'épaisseur de la croûte qui variait aussi ces compositions. C'est ce qui a formé les graviers et les marnes de différentes variétés, mais qui n'étaient que peu durcies.

La première éruption les a mélangés, des pôles à l'équateur, de toute l'épaisseur de la croûte.

Les eaux qui circulaient sur ce fluide ardent

ont composé différentes autres matières, qui sont les minéraux et les sels.

Les autres éruptions ont été partielles ; ce qui en fut cause, c'est que les parties accumulées étaient des corps solides et le reste de la croûte que les eaux submergeaient était obligé de se reconstituer. Elle avait moins de résistance que les monts.

Le froid, en concentrant la croûte de la terre, faisait céder les parties faibles bien plus vite qu'il ne l'avait fait à la première époque, car elle n'était pas régulière comme souplesse.

Chaque fois que la croûte faisait trop de pression sur le centre, l'endroit le plus faible cédait, puis les parties durcies s'enfonçaient dans le fluide et les eaux qui étaient plus légères cédaient aux centres qui se renflaient sous eux.

La croûte de la terre était inégale à son intérieur comme elle l'est à sa superficie.

## Apparition de Végétaux

A la quatrième année (1) de la terre, celle-ci fut couverte d'eau qui forma des courants. La surface du globe était garnie d'un limon épais.

Ces courants d'eau sur cette vase, ont creusé des rivières qui les ont toutes attirées dans leur lit, et ces eaux en s'écoulant, ont mélangé les compositions de la croûte, ce qui a formé des

---

(1) Je dis année, c'est pour marquer les époques, car il n'y en a pas eu avant le premier effondrement qui a produit la translation de la terre.

matières limoneuses et verdâtres sur tous les bords des grandes quantités de rivières nouvelles. Mais comme les eaux grandissaient tous les jours, ces matières verdâtres ont été chassées et se sont mélangées.

Ce mélange de verdure fit produire des mousses de différentes compositions qui ont fleuri et ont rapporté des graines qui, en germant, faisaient pousser des fougères et diverses variétés de roseaux sur toutes les parties de la vase qui n'étaient pas submergées, et elles se sont multipliées de différentes hauteurs et de formes, à un point que la terre en était couverte d'une épaisseur fabuleuse.

Ces masses de végétaux se sont étouffées par leur trop forte épaisseur et elles ont fermenté. A la cinquième année, les graines des végétaux qui avaient supporté la fermentation sans être avariée, ont reproduit des natures beaucoup plus fortes que celles qui existaient. Elles étaient d'une grandeur prodigieuse, leurs pieds baignaient dans les eaux et grandissaient à mesure qu'elles prenaient de la force.

La terre qui était submergée par les eaux et les végétaux qui la tenaient à l'ombre, étaient d'une fraîcheur sans égale à l'époque, ce qui faisait durcir et concentrer sa croûte. Quand la souplesse lui a manqué, elle fut obligée de céder à la pression qu'elle faisait sur le fluide ardent de son centre.

C'est ce premier effondrement qui fit jaillir la lune du sein de la terre.

## Les Branle-Bas de la Terre

Pendant le grand effondrement, tout ce qui avait apparu fut enfoui et cuit par les eaux qui coulaient sur le fluide ardent de la terre. Le fluide sur lequel les eaux circulaient fut refroidi à sa superficie en peu de temps, ce qui a formé une croûte nouvelle, car les eaux refroidissent et concentrent très rapidement les corps chauds, et tout est redevenu calme.

L'attraction de la terre commença de faire son mouvement, mais bien lentement. Elle faisait les années de six cents jours.

Les zones tropicales étaient placées où se trouvent actuellement les zones glaciales

A cette époque, le froid ne pouvait pas former de glace puisque le foyer était près de la superficie, les eaux allaient librement à leurs destinations et elles retournaient de même.

A la septième année, la croûte était refermée, mais comme elle était inégale, la pression de concentration que lui faisait subir le froid lui a fait jaillir des monts sur toute la surface faible du globe. Ces monts qui sortaient des eaux se durcirent plus vite que la croûte ne l'avait fait jusqu'alors.

A la huitième année, il s'est produit deux effondrements ; à la neuvième, deux aussi et à la dixième, un seulement.

Ces effondrements se produisirent de l'équateur au pôle d'été, par la vitesse de rotation et

la pression de l'atmosphère froid du pôle d'hiver
qui chassait le centre de la terre du côté du soleil.

A la onzième année, comme il y avait eu des
effondrements de tous côtés et qu'il y avait beaucoup de parties saillantes, il s'est formé des
volcans par toute la terre.

Quand ces volcans avaient fini de vomir, les
eaux pénétraient dans leurs intérieurs, puis elles
refroidissaient la croûte et la faisaient concentrer
plus vite et leur occasionnaient des éruptions
plus fortes.

Ces cratères vomissaient de l'eau et de la lave
que les eaux avaient formées, puis de la fumée
et des flammes. Quand ils avaient fini de vomir,
les eaux rentraient dans leurs gouffres et ils
recommençaient leurs vacarmes ; ils vidaient le
trop plein du foyer ardent du centre de la terre.

Quand ils ont eu fini de vomir le trop plein
pendant quelques années, les effondrements n'ont
plus reparu, puis une grande quantité de cratères
se sont fermés.

Pendant que le branle-bas se faisait, les pôles
se sont refroidis et la translation a pris de la
vitesse et a diminué son parcours.

Elle perd encore actuellement, mais comme
la rotation se ralentit aussi, ces mouvements
passent inaperçus. Leur ralentissement est de
trois secondes par année, ce qui fait cinquante
minutes pendant dix siècles. C'est aussi la cause
que les jours grandissent.

## Apparition des Mollusques et des Poissons

Pendant que les éruptions se produisaient, les eaux étaient bouleversées et remuaient les parties vaseuses et sablonneuses jusqu'au brasier ardent qui les joignait, et le tout faisait plutôt de la fange que de l'eau.

Les éruptions en se calmant, diminuèrent les mouvements saccadés des eaux en furie, de tous les côtés du globe. Elles étaient bouleversées de fond en comble.

Les eaux, en diminuant leurs mouvements, ont déposé leurs limons bourbeux et sablonneux, sur toutes les parties de la terre qui étaient submergées. Ces limons, déposés par les courants des eaux, ont produit des terrains comme ils le sont actuellement sur les laves des volcans et sur les monts accumulés par les eaux pendant les effondrements, et les eaux se sont retirées des monts et plaines trop élevés au-dessus de leurs niveaux pour être submergés.

Ces terrains neufs et mélangés de toutes les variétés des premiers végétaux, ont reproduit une germination nouvelle qui ne ressemblait en rien à celle de la première époque et leurs végétaux étaient ainsi d'une forte vigueur.

Quand ces plantes ont eu grandi et que la saison d'hivernage est arrivée, elles ont semé leurs graines, ce qui a fait des variétés plus belles et plus fortes pour les années suivantes.

A la trente-cinquième année de la terre, les

plantes étaient devenues tellement nombreuses,
qu'elles se sont étouffées en pleine végétation,
puis elles ont péri étant remplies de sève.

Quand elles furent sans vie, la sève n'avait
plus de réservoir ou de tige à grandir pour s'é-
couler. La chaleur du soleil la faisait continuer
de jaillir de ses racines et les humectaient d'un
suc que le soleil ne pouvait sécher.

Ces végétaux étant humides de leur sève, se
sont fermentés pendant les chaleurs du mois de
juillet et août.

Cette fermentation a reproduit des mollusques
pour les eaux et pour les terrains, et des poissons pour les eaux douces et les mers.

Les poissons sont apparus dans les maré-
cages, puis ils ont suivi les eaux qui se sont
écoulées dans les lacs, et ces lacs dans les
rivières et dans les fleuves qui les ont répandus
dans les mers.

Les mollusques ont passé l'hiver sous les
végétaux et quand le froid était trop vif, ils se
sont enfouis dans les terrains.

Les poissons n'ont jamais été détruits en tota-
lité, mais les mollusques n'ont pu survivre aux
effondrements qui se sont produits plus tard.

## Encore un Effondrement

Comme les volcans avaient vomi librement
pendant une trentaine d'années, la croûte de la
terre n'avait plus de pression sur son centre;
leurs cratères se sont bouchés et se sont soudés

comme les monts accumulés. Ceux qui restaient ne produisaient que peu d'éruptions.

A la cinquantième année, la croûte qui se concentrait toujours, commençait de faire une pression sur son fluide. Les cratères qui étaient restés béants ne suffisaient plus, ce qui a occasionné une résistance que bien des parties faibles n'ont pu supporter. Puis ils se sont effondrés sur divers points du globe et ont balancé les eaux qui ont encore submergé tous les terrains, ce qui les a charriés et bouleversés légèrement.

Deux années plus tard, la croûte de la terre était ressoudée et elle était en général très forte. Rien encore n'avait rejailli de son centre.

Mais la croûte en se rétrécissant toujours, commença de faire une pression, qui fit former des Volcans nouveaux, dont les éruptions furent plus fortes que jamais ; car ils étaient moins nombreux et la croûte s'était beaucoup fortifiée. Mais ils n'ont pas suffi pour ne plus voir d'effondrements. Car il y en eut encore un au IIIe siècle.

Depuis cette époque, il n'y a eu que des tremblements de terre, qui ont été et qui sont causés par les courants d'eau entre la croûte des quantités de Volcans. Donc, nous ne voyons plus que quelques cratères qui vomissent.

## Apparition des Animaux

Pendant que les Volcans rejetaient la lave, les végétaux continuaient leurs reproductions. Et ils firent, comme par le passé, fermenter et reproduire des mollusques en grande quantité.

Ces mollusques qui recouvraient une partie de la Terre, au mois de juillet de l'an 60, n'avaient plus rien à manger, car la sécheresse avait arrêté la végétation, et les mollusques énormes et nombreux avaient rongé l'herbe à mesure qu'elle avait poussé. Puis la famine vint et ils essayèrent de se dévorer.

En se cherchant, ils se sont amassés en énorme quantité, mais comme ils n'étaient pas de nature à se manger entre eux, pendant le mois d'août, ils ont tous péri.

Au mois de septembre, la fermentation s'est mise dans ces amas et elle a continué tout l'hiver.

A la fin de l'hivernage, les produits de cette fermentation étaient de différentes formes allégoriques, puis ils avaient pris beaucoup de forces.

Quand le printemps est arrivé, ces allégories, pour sentir la chaleur de ce beau soleil des temps primitifs qui les attirait, ont abandonné l'amas dans lequel ils se trouvaient, pour se répandre dans des herbes vierges qui les environnaient.

Ces herbes étaient fraîches et tendres comme la rosée, et les frêles mâchoires de ces animaux nouveaux ne se fatiguaient pas en les broutant.

Ces petites allégories étaient très heureuses ; elles grandissaient à vue d'œil, elles n'étaient pas en bien grand nombre.

Comme nourriture, elles choisissaient de tout. La Nature était à elles.

Quoique ces animaux n'avaient aucune ressem-
blance, ils étaient si heureux qu'ils ne pen-
saient qu'à jouer entre eux. Ils ne faisaient que
cabrioler comme des agneaux.

Tout en se divertissant, ils grandirent pour
leur malheur, car leur bonheur ne pouvait durer
bien longtemps.

A quinze ans, ils étaient adultes, et ils ont
commencé leurs reproductions.

Ils ont reproduit des chimères en grande
quantité jusqu'à l'an 80. Et après leurs reproductions, ces allégories qui étaient si heureuses
sur la terre, se sont enfouies pour ne plus jamais
la revoir.

Ces animaux commençaient d'avoir des formes
d'os, mais ils étaient presque aussi tendres que
leur chair.


## Les Chimères et leurs Reproductions

Les chimères, comme les allégories, étaient
de formes différentes, mais elles commençaient
d'avoir quelque chose des animaux actuels.

Ces pauvres chimères ont été beaucoup moins
heureuses que les allégories, car elles étaient
en bien plus grand nombre et bien plus grosses
que leurs devancières. Alors il leur fallait
énormément plus de nourriture.

Pendant les premières années, la Terre rap-
portait suffisamment à leurs besoins, ce qui a
fait qu'elles s'accordaient très bien entre elles.
Mais quand elles ont été de fortes tailles, la

nourriture leur a manqué pendant un hiver. Et comme la faim fait sortir le loup du bois, elles ont commencé par s'entre-dévorer. Les grosses mangeaient les petites, puis après les fortes ont tué les faibles.

Elles étaient tellement acharnées à se lutter, que l'année qui succéda à cet hiver terrible pour elles avait déjà rapporté de quoi les nourrir, qu'elles ne s'en apercevaient pas.

Ce n'est que quand le nombre a été tout à fait restreint, ne se redoutant plus, qu'elles se sont arrêtées.

Puis elles ont commencé à se reproduire.

Mais comme elles avaient mangé de la viande, leurs reproductions devaient être composées de carnassiers et d'herbivores.

Et c'est ce qui arriva, elles reproduirent des ovipares et des mammifères, herbivores et carnassiers.

Il y a des chimères qui ont commencé leurs reproductions vers l'an 90. et tous les ans, il y en avait de nouvelles qui se mettaient à reproduire.

Leurs reproductions a fini de s'accomplir vers la moitié du II siècle.

Les ovipares ont commencé de nicher de suite en grande quantité.

L'homme est apparu, après les ovipares, un des premiers. C'est vers le commencement du II siècle.

Les animaux destructeurs sont apparus les derniers.

Les chimères, après avoir reproduit les carnassiers, sont mortes, et leurs corps, qui
étaient énormes, restaient à la surface de la
Terre. Puis, la fermentation s'est mise dedans à
mesure qu'ils périssaient et ont fait naître les
reptiles et les insectes.

Beaucoup de personnes se figurent que ce sont
les insectes qui forment la fermentation. C'est
une grande erreur, les insectes activent la fermentation, mais c'est la fermentation qui forme
les insectes.

C'est le Froid, la Chaleur et l'Eau qui reproduisent tout.

## L'Homme à son Apparition

Quand l'homme est apparu sur la Terre, il
était aussi fort que nous sommes à l'âge d'ado-
lescence. Et bientôt il eut de nombreux compagnons ici-bas.

Comme les hommes sont apparus les premiers,
ils avaient les idées. Leur intelligence était
supérieure et leurs mouvements faciles.

Les animaux, qui sont apparus après l'homme,
se laissèrent dominer par lui, et se soumettaient
très volontiers à sa volonté, car il était leur
aîné et il avait plus d'expérience qu'eux.

Les animaux en devenant fort, quand ils
étaient de mauvaise nature, l'homme les détrui-
sait en acquérant de l'expérience de plus en
plus sur eux.

Quand les carnassiers sont apparus, l'homme

avait déjà reproduit une génération, ce qui le rendait terrible aux yeux des animaux destructeurs.

Les animaux de nature à rester sous la protection de l'homme lui sont restés à l'état domestique. Et ceux de nature indomptable se sont sauvés dans des lieux inhabités par l'homme. Puis les carnassiers les ont suivis pour ravir plus facilement leurs proies.

L'homme et les animaux domestiques faisaient trembler tous les fauves. Et les carnassiers restaient vers eux, car ils redoutaient l'homme, dont l'expérience et l'intelligence n'a fait que grandir jusqu'à nos jours.

Les idées de l'homme se conserveront avec la Terre, elles se transmettent de corps à êtres.

Les idées existeront dans l'atmosphère longtemps après que l'homme aura disparu.

## La Terre n'est que l'Auxiliaire de la Reproduction

La Terre ne peut rien reproduire par elle-même.

Une expérience facile à faire :

Chauffez de la terre jusqu'à ce qu'elle soit bien sèche. Quand cette opération sera faite, vous en remplirez un vase, qu'il ne faudra pas mettre en contact avec la terre ordinaire, pas plus qu'avec l'atmosphère.

Semez des graines dans cette terre sèche,

vous ne verrez rien germer. La chaleur comme le froid ne leur produira aucune action.

Après cette opération, prenez cette même terre sèche, que vous additionnerez de fumier. Vous mouillerez le tout, que vous laisserez au contact de l'atmosphère, et vous sèmerez les mêmes graines que dans la terre sèche. Vous verrez qu'il se produira une belle germination.

La terre par elle-même ne rapporte rien. La terre qui est sèche est pure (1).

Tous les produits que la Terre semble rapporter sortent de l'atmosphère.

Pendant que les plantes poussent, l'atmosphère leur fournit ce qu'elles ont besoin pour leur croissance. Quand elles ont fini de croître, l'atmosphère retire les essences qu'elle leur a fourni. Par la décomposition qui se fait, l'eau enfouit le reste pour former une végétation nouvelle.

Si l'on faisait brûler tous les résidus de la végétation qui se fait sur la terre, l'atmosphère attirerait presque tout à elle et la terre finirait par ne rapporter que très peu.

En brûlant les minéraux, nous enrichissons l'atmosphère et les résidus enrichissent la terre. En brûlant les végétaux, nous ruinons la reproduction.

(1) Car la terre, quand elle fut lancée dans l'espace de l'Univers, elle ne possédait pas d'eau.

Par conséquent, l'eau fait partie de l'atmosphère, et elle est le premier auxiliaire de la production de la terre.

C'est l'eau qui est la cause de toutes les productions, et c'est elle qui distribue les engrais à la terre quand se fait la décomposition des produits.

*Deuxième Expérience.* — Analysez cinq ou dix kilos de terre ordinaire à la végétation, vous ne trouverez dans cette analyse que des choses de peu de valeur.

Prenez la même quantité de même terrain, que vous mettrez dans un vase. Vous y sèmerez de l'*aconit* que vous arroserez avec soin chaque fois que le besoin se fera sentir. A la deuxième année vous récolterez un poison des plus violents.

Après cette opération, analysez la terre où l'*aconit* aura poussé. Vous trouverez des produits malfaisants qu'elle ne possédait pas auparavant.

D'où est sorti ce poison, puisque la terre n'en avait pas? Elle en a produit en quantité et il lui en reste encore.

C'est donc bien de l'atmosphère que la plante l'a tiré jusqu'au fond de ses racines. Elle a même empoisonné la terre où elle a poussé.

## La Cause des différentes Qualités des Végétaux

Ce qui fait la différence des qualités de production ce sont les terrains qui les rapportent par la valeur de leur nature.

Car la terre, quand elle a chassé ses gaz dans l'atmosphère, toutes les parties de terrains ne possédaient pas les mêmes gaz.

C'est ce qui fait qu'une terre qui rapporte de

bons produits est composée des meilleurs gaz. Par conséquent, comme elle est de même nature que les meilleurs gaz de l'atmosphère, elle les attire aux plantes qui germent sur elle.

Les produits de la terre varient suivant la valeur des terrains.

La fumure de la terre est un auxiliaire qui contient et attire les différents gaz de l'atmosphère pour la quantité des produits que les terrains rapportent.

Les plantes naturelles des terrains ce sont les gaz de l'atmosphère qui s'y posent et les font germer.

Des plantes de certaines contrées ne pourront pas pousser par toute la même contrée. Il y a des terrains qui chassent les gaz de l'atmosphère qu'il faudrait à certaines plantes.

Toutes les essences nous viennent de l'atmosphère.

Les idées de l'homme, se reposent comme les essences des fleurs. Puis elles se rejoignent aux productions nouvelles.

Aimons-nous, car quand notre corps cesse de vivre nos idées renaissent dans d'autres. (1)

Adoucissons nos mœurs, car plus nous les faisons dures, plus nous sommes malheureux plus tard.

_____

(1) Mais toujours de même nature, l'homme reste l'homme, et les animaux des animaux.

## Les Idées

Les idées émanent d'un fluide qui se transmet de corps à idées, car il nous est impossible de ne pas croire à la vie après notre mort.

Une preuve bien certaine, c'est qu'un malade atteint de la poitrine conserve ses idées jusqu'à la dernière goutte de son sang. Le corps est presque mort, que le patient voudrait dire des choses que la bouche ne peut articuler, mais qui seraient aussi franches qu'avant la maladie.

Si le corps a une mauvaise fièvre qui empêche aux organes de fonctionner, il est certain que les idées ne pourront s'y développer, attendu que rien ne fonctionne librement dans l'être. Mais quand le corps est convalescent, que les accès de fièvre sont passés, les idées sont les mêmes qu'avant la maladie. Il s'en faut de beaucoup que le corps en soit de même.

Si les idées étaient attenantes aux corps, il serait de droit que l'homme le mieux fait et le plus fort en ait le plus. Mais c'est le contraire, et bien souvent un être chétif et difforme les transmet mieux qu'un géant.

Donc, elles ne font pas partie du corps et quand il n'est plus, elles voyagent dans l'atmosphère.

C'est notre Dieu, mais il n'est pas tout-puissant.

## Les Idées dans l'Atmosphère

Les idées sont toutes les mêmes ; elles voyagent dans l'Atmosphère en attendant qu'elles prennent d'autres corps qui seront, d'après les hasards de la vie, riches ou pauvres, infirmes ou robustes, ou bien intelligents ou brutes.

Toutes les idées sont bonnes. Elles ne fonctionnent que d'après la formation des corps.

Il y a des corps où les idées se développent librement et d'autres les obstruent. Elles ne se meuvent que d'après les organes ; elles ne peuvent agir directement.

Exemple : Un fou a les viscères obstruées, mais son idée n'est pas folle. Si on lui remet ses organes, le corps marchera avec de bonnes mœurs, mais il ne s'en portera pas mieux.

Qu'un chirurgien coupe une fibre qui corresponde au cerveau de l'homme le plus intelligent, ses idées cesseront de fonctionner. Qu'il la lui ressoude, les idées vont reprendre leur cours normal.

C'est donc bien le corps qui dilate les idées ou qui les empêche de fonctionner.

C'est un malheur pour le corps qui ne peut les développer, et toutes peuvent se trouver dans ce cas un jour.

D'après les péripéties de la vie, qui sont terribles bien souvent, l'on serait très heureux de mourir et de ne jamais apparaître sur cette terre.

Mais cela est impossible, et il faut subir les lois de la nature.

## Le Cas des Idées

Tous les hommes ont eu quelques exaspérations, dans de certains moments. Lequel, dans un cas de contrariété, a eu ses idées franches. Il est impossible à l'homme de ne pas subir les conséquences de l'emportement.

L'homme, dans un moment de promptitude, pense beaucoup, mais ne dit que des paroles qui lui sont plutôt nuisibles que favorables.

Ce ne sont pas les idées qui lui manquent, mais ce sont ses organes qui ne sont pas assez vifs et les idées se confondent.

Il vient des quantités d'idées à l'homme qui est pour recevoir un choc, ou qui va tomber, mais sa bouche ne peut rien articuler pendant ce court moment.

Si les idées étaient attenantes aux corps, elles feraient mouvoir la parole aussi vite que la pensée, puisqu'elle serait de même fonction. Il faudrait aussi que le corps se transporte avec elles, et il voyagerait plus vite que le fluide hypothétique, et puis il faudrait voir pour penser. Ce serait la vue qui les gouvernerait, tandis que ce sont elles qui nous gouvernent.

Les yeux ouverts, si vous pensez ailleurs, vous ne voyez rien.

Les corps ne fatiguent jamais les idées, ce

sont les idées qui fatiguent les corps. Le corps
est la machine et quand elle est usée, les idées
en cherchent d'autres.

Les idées se raffinent depuis le commencement du monde. Elles sont tellement épurées,
que si ce n'était de l'enfance de l'homme, elles
se souviendraient des corps qu'elles ont quittés.

Les idées sont les essences des meilleurs gaz
de la formation. Elles voyagent plus vite que
l'électricité, puisqu'elles s'épanchent où celle-ci
ne peut pénétrer.

### Les différentes Idées de même fonction

Il y a trois sortes d'idées bien distinctes dans
la nature, sans avoir plus de chance les unes
que les autres.

La première est la bonne, mais aussi la
moins répandue. C'est celle de l'homme réfléchi
qui ne fait que chercher à rallier les insensés
au bien du genre humain.

La deuxième est celle des intègres avares qui
ne voient que leur personne. Ils ne comptent
que pour eux. Leurs idées s'envolent sans em-
porter leurs fortunes, et elles reviennent dans
des corps misérables.

La troisième est la plus répandue. Si elle
avait conscience d'elle-même, elle donnerait une
forte décision aux autres. C'est elle qui gouvernerait, c'est elle qui mettrait le poids dans la
balance des destinées de la vie humaine.

Ce sont les inconscients, ceux qui se moquent de tout ce que l'on peut faire et dire, qui trouvent tout bien d'un côté, et pas mal de l'autre. Ce sont ceux qui vivent sans se rendre compte que leur inertie fait le malheur de l'humanité.

Ces idées de grande majorité sont bien souvent celles qui souffrent le plus. Elles se trouvent aussi bien chez le riche que chez le pauvre, elles opèrent une déhiscence dans les biens accumulés de l'avare, car elles se reproduisent dans toutes les familles, elles sont heureuses dans un corps, et dans d'autres elles gémissent.

## Les Idées et l'Esprit

Voyez deux grands orateurs en train de discourir, vous n'avez jamais rien entendu de semblable en conversation.

Voyez après deux bons bûcherons de forêt différente, ils parleront peu. Cependant, ces deux hommes ont les mêmes idées que les deux orateurs.

La cause de cette différence est que parler c'est un métier. Si les deux orateurs avaient été élevés dans les bois, ils ne parleraient pas plus que les bûcherons. De même que si les bûcherons avaient voyagé dans 'e monde et avaient reçu l'instruction des orateurs, ils seraient à leur place.

La finesse de l'esprit est la volonté de l'homme d'après ses idées. C'est le corps le plus facile à les développer qui a le plus d'esprit, mais il ne contient pas plus d'idées que celui qui ne peut les faire jaillir.

L'esprit est une faveur du corps, mais il n'est rien dans la nature. Quand le corps cesse de vivre, l'esprit n'est plus, tandis que les idées continuent d'exister.

Soyons prudents, aimons-nous, car nous sommes pour revivre. Si la mort vient, c'est pour renaître.

Chers parents, faites lire souvent à vos enfants cette vérité. Ils vous vénèreront plus tard pour ne pas les avoir élevés dans le mensonge qui nous a été communiqué à tous.

### Les gens indécis, ralliez-vous à la vérité

Les croyants de toutes les religions, ne vous troublez pas en acceptant les doctrines que je vous transmets.

Car si, pendant que vous aurez été sur la terre, vous avez fait le bien, aucun de vos dieux ne pourra vous répudier. Tandis que les bigots ou les croyants qui auront fait le mal pendant leur vie, ceux-là devront craindre la vengeance de leurs dieux.

Si vous avez des croyances en votre Dieu, ne croyez pas qu'il soit injuste. Il fait le bien pour le bien.

Mais ne croyez pas qu'il soit tout-puissant, car s'il l'était il y aurait moins de gens malhonnêtes, et tous les hommes s'accorderaient très bien.

Puis il n'aurait pas besoin de vos prières,
puisque ce serait lui qui formerait nos volontés,
sans que nous puissions déroger de la ligne de
conduite qu'il nous aurait donnée.

Dieu n'a de relations avec personne sur la
terre, celui qui vous dit qu'il le représente
c'est celui qui vous trompe. Les misérables qui
vous font croire aux leurs, en font un commerce
et vous détournent de vos devoirs au détriment
de l'humanité.

Si l'on perpétuait leurs croyances dans leur
prochaine vie, ces malheureux seraient exploités
par leurs successeurs.

Il n'y a avantage pour personne dans le
mensonge.

Vive la vérité pour le bien du genre humain !

Les thaumaturges ont vécu, ralliez-vous au
bien, enfants de l'erreur.

## Comment se forme la continuation des religions

Les hommes qui composent une religion sont
comme les premiers venus de la Société qui les
écoute.

Une preuve bien certaine, c'est que pour
fournir aux religions les hommes nécessaires à
leur continuation, on les enrôle dans les ordres
que les parents ont en général.

Les parents ont bien les idées de ce qu'ils
préconisent à leurs enfants. Mais ces enfants
sont comme tous les gens de la terre. Les uns

ont les idées d'une manière et les autres les ont d'une manière opposée.

Quand on est jeune, les idées et la volonté ne marchent que d'après ceux qui les gouvernent.

Il est certain que quand les idées seront libres, que les parents n'auront plus d'influence sur elles, qu'e'les prendront leurs essors, ils deviendront des hommes comme tous les hommes ; ils agiront suivant leurs idées. Si elles sont bonnes, ils feront le bien, et les mauvaises auront leur cours comme dans toutes les Sociétés.

Quand on lance un enfant dans les ordres des religions, la nature est forcée. Car l'on ne peut savoir le caractère de l'enfant que l'on y introduit.

Ne croyez pas que l'on transforme les idées, elles sont ce qu'elles sont dans un corps. Et dans d'autres elles sont souvent meilleures.

Les religions sont composées des idées des parents et les enfants en ont d'autres.

Voyez ce qui compose les religions.

## Ceux qui composent les Religions

Les religions sont composées des fils de misérables familles en général, qui ne savent où donner de la tête.

Pour aider leur famille, qui est plus dans la misère qu'eux ne seront jamais, ils embrassent la vocation que les parents leur donnent.

Ces pauvres enfants, qui répudieraient la

carrière que leurs parents veulent leur donner,
sont obligés de l'accepter sous leur influence.

Ils sont obligés de suivre le courant des
destinées que les parents leur ont donné, car
enfants, ils ne sauraient que faire pour passer
cette courte vie que notre corps a sur la terre.

Ces enfants-là sont bien à plaindre, puisqu'ils
ont embrassé un métier qui, très souvent, n'est
pas de leur goût.

Il s'en trouve entre eux, qui ont la bosse de
leur métier et qui réussissent à devenir de grands
hommes.

Mais ces grands hommes de religion, d'après
leur talent, ne font que grandir la misère, bien
souvent même dans la famille d'où ils
deviennent.

Et à eux les grandeurs, pour retourner plus
tard dans un autre corps, bien souvent plus
misérable que celui qu'ils ont délaissé.

La fortune et l'égoïsme sont aussi à plaindre
que la misère, car chacun a son tour dans la
vie, fortune par hasard, misère souvent.

Si l'on accable, l'on en subit les conséquences
plus tard. Faire le bien, c'est notre avantage à
tous.

## Le Cas de suppression des Religions

Puisque les religions sont nuisibles au genre
humain, qu'elles ne travaillent que dans leurs
intérêts, les amis de l'humanité doivent venir

en aide aux misérables qui sont exploités par les transmetteurs de fausses croyances.

Les pauvres gens, qui devraient être les amis de la grande société, sont délaissés pour cause de ces imaginations absurdes.

Ces accapareurs de l'humanité ne font que prêcher leurs saints, qui d'origine, n'ont été faits que par leur cruauté, comme ils voudraient faire de Jeanne d'Arc, pour détourner de la voix directe les personnes à secourir contre leurs avantages, car plus ils embrouillent les idées de leurs croyants, plus leur profit est grand.

Nous devons en finir avec ces niaiseries insensées, même pour l'éducation de nos enfants, car elles ne font que fausser les bons principes de leur avenir.

Pour en finir avec ces absurdités, il faut supprimer le budget de ceux qui les préconisent, et puisque l'on ne se plaint pas des charges jusqu'à ce jour, il faut organiser une caisse de retraite de la vieillesse. Elles seront beaucoup mieux placées en soulageant ces misérables infortunés qui font de leurs vieux jours une agonie.

Concentrons-nous du fluide de l'humanité.

C'est le secret de la vie.

## Authenticité des Religions, Civilisation et Education

Au début de l'homme sur la terre, à la dixième génération, les religions ont commencé par des hommes désœuvrés, conteurs de bêtises

et racontant différentes blagues (en langage naturel).

Ces raconteurs de fredaines, voyant que les
naïfs les écoutaient avec ferveur, se sont mis à
les exploiter.

Comme leurs profits étaient grands, ils ont
fait des remarques dans la Nature, ce qui leur
permettait de mieux exploiter leurs clients.

Les rastaquouères qui se trouvaient dans la
même contrée se sont groupés pour composer
des signes cabalistiques qui n'étaient compris
que d'eux.

Les Picaros sont devenus des devins.

Les niais, qui les écoutaient, firent croître le
nombre de leurs clients, qui leur apportaient
à gogo.

A la quinzième génération, les riches comme
les pauvres (1) les croyaient avec ferveur et les
charlatans des religions vivaient grassement à
leurs dépens.

C'est de ce principe qu'est sorti l'art fabuleux
des dieux de la Mythologie, où il se fit des
croyances de divers dieux, chaque contrée avait
le sien.

Les hommes expérimentés, comme Prométhée,
qui eurent l'audace de dire aux dieux que l'homme
sortait du limon de la terre, fut torturé impi-
toyablement. Et Marsyas qui, par son courage,

---

(1) Il y a toujours eu des différences entre les hommes, es
troupeaux grandissent chez les uns, tandis qu'ils périclitaient
chez d'autres. Mais la terre était à tout le monde ; il n'y avait
jamais de misère.

organisa des conférences pour combattre les
mensonges des dieux. Le malheureux, pour sa
témérité, fut écorché vif. L'honnête Hercu'e,
quoique descendant des dieux, ne voulut jam...s
s'associer à leurs infâmes mensonges ; il détrui-
sit tous les obstacles pour donner la lumière au
peuple.

Plus tard, Socrate voulut faire disparaître les
vieux préjugés du Paganisme. Mais comme des
racines de deux mille ans sont robustes, il ne
put les ébranler. C'est lui qui succomba sous le
poids fatal des branches de l'arbre des Olym-
piades.

Le petit-fils de Joachim et d'Anne voulut enlever les infamies atroces des vieilles doctrines
olympiennes. Il porta un grand coup aux religions païennes. Les peuples de plusieurs contrées se rallièrent à la vérité des principes
de cet honnête homme.

Quand les prêtres se sont aperçus qu'ils per-
daient de leur prestige, ils l'ont fait mourir.
Mais le courant véridique avait fait son apparition. Il coulait bien lentement. Il a mis trois
siècles et demi pour remplir les cerveaux de la
vérité.

C'est à cette époque qu'ont cessé les Olym-
piades.

Quand les sectes se sont aperçues qu'elles
étaient délaissées, elles se sont ralliées aux principes honnêtes qui leur avaient été légués.

Mais ces principes n'ont duré que le temps de
les empoigner.

Le petit-fils de Joachim et d'Anne avait donné
le moyen d'anéantir les religions, et les mœurs
étaient adoucies.

Trois siècles après sa mort, les sectes de certaines contrées en ont fait un Dieu qu'elles ont
exploité plus que jamais les Païens n'ont exploité le leur.

Les dieux de la Mythologie ne sont autre
chose que le commencement des religions.

Voyez d'où nous viennent les dieux.

Les religions actuelles ne sont que les préli-
minaires des anciennes sectes.

Statues des anciens, images d'à présent, sont
des choses que l'on ne voit que dans un rêve.

Les tortures, combien y a-t-il de temps qu'elles
ont cessé? Le Tribunal secret existait encore en
1820.

Que d'hécatombes ont subi les peuples pour
les balourdises qu'ils ont voulu écouter de ces
faiseurs de grimaces et de singeries ?

Voilà l'humanité des religions.

L'on fait, du moins ce sont eux qui font circuler actuellement l'énigme de la civilisation
chrétienne. Où est-elle donc, cette civilisation,
chez Copernic, chez Galilée, ou bien à la Bas-
tille?

C'est : civilisation européenne qu'il faut dire.
Ce grand peuple de l'Humanité qui ne fait que
chercher à rendre tous les hommes heureux.

La civilisation chrétienne est d'être polie à
l'extrême, c'est de faire la courbette hiérarchi-
quement. Tandis que la civilisation européenne

est d'être poli, humain et répandre le progrès par tous les moyens sur toute la terre, pour que l'on circule librement dans le monde entier.

Tout ce qui existe de progrès est mis au jour, malgré la volonté de la civilisation chrétienne.

Si ce n'avait été les niaiseries des religions, jamais il n'y aurait eu de misère. Le progrès serait à son comble ; nous serions à l'Eden.

## L'Education

Les gens de religions voudraient faire croire que l'on manque d'éducation actuellement. Voudraient-ils faire supposer que ce sont eux qui la transmettent aux peuples, ce serait absurde d'y songer un instant, car l'éducation est bien meilleure par l'instruction que par les religions.

Il y a cinquante ans, les religions étaient encore avec toutes leurs forces. Quelle était l'éducation à cette époque qui n'est pas bien reculée ? Les hommes se rudoyaient comme des fauves, les bons mots ne se trouvaient que chez les personnes instruites.

Je me souviens que les enfants qui n'allaient pas à la même école, se battaient comme faisaient deux nations ennemies. Les conscrits s'entr'égorgeaient d'une commune à une autre. Les compagnons qui n'étaient pas du même rite s'assommaient entre eux. Mieux vaut dire que tout le monde se traitait des plus bas mots pour de simples bagatelles.

C'est peut-être ce que les religionnaires appellent de l'éducation.

Depuis que l'on donne l'instruction et qu'elle est obligatoire, l'éducation comme la civilisation a bien changé. Toutes ces grossièretés anciennes sont oubliées, aux regrets des religions.

La vraie éducation est faite en famille, par les parents qui la donnent à leurs enfants, pour passer leur courte vie honnêtement sur cette terre.

Les personnes qui n'ont pas une bonne éducation de leurs parents, sont bien à plaindre, car le hasard en conduit trop souvent sous le poids fatal de la justice.

Ce qui est cause de la bonne éducation dans les familles, c'est l'aisance de pouvoir vivre, sans chercher à incommoder personne, ou si les descendants de famille ont été dans le bien-être. Mais les enfants élevés dans la misère et que les parents ont de la peine à nourrir, ne peuvent avoir de l'éducation, à moins que leurs fréquentations soient choisies et qu'ils soient d'un bon naturel. Mais celui qui est d'un tempérament désagréable, qui n'a pas d'amis convenables à fréquenter (la faute est tout d'abord à la nature qui l'a mal doué de physique et de tempérament), n'est accueilli de personne. S'il était dans l'aisance, son éducation se ferait par la société avec laquelle il serait en contact.

Voilà où cela pèche pour la perfection de l'éducation.

FIN

CHALON, IMP. GÉNÉRALE ET ADMINISTRATIVE